Marie Tolkemit

Nährwertkennzeichnung als Instrument der Verbraucherentscheidung - Ein Vergleich von Nährwertampel und Guideline Daily Amount

GRIN Verlag

Bibliografische Information der Deutschen Nationalbibliothek:

Die Deutsche Bibliothek verzeichnet diese Publikation in der Deutschen National-
bibliografie; detaillierte bibliografische Daten sind im Internet über http://dnb.d-
nb.de/ abrufbar.

Impressum:

Copyright © 2010 GRIN Verlag GmbH
Druck und Bindung: Books on Demand GmbH, Norderstedt Germany
ISBN: 978-3-640-98817-4

Dieses Buch bei GRIN:

http://www.grin.com/de/e-book/177314/naehrwertkennzeichnung-als-instrument-
der-verbraucherentscheidung-ein

Fachbereich 09 Agrarwissenschaften, Ökotrophologie und Umweltmanagement

Justus Liebig Universität Gießen, Institut für Ernährungswissenschaften

Praktikumsarbeit

**Nährwertkennzeichnung als Instrument der Verbraucherentscheidung -
Ein Vergleich von Nährwertampel und Guideline Daily Amount**

Begleitmodul: BKÖ 23 Public Health Nutrition

Eingereicht von: Marie Tolkemit

Gießen, den 26.04.2010

Inhaltsverzeichnis

Tabellenverzeichnis

Abkürzungsverzeichnis

AID   aid Infodienst Ernährung, Landwirtschaft, Verbraucherschutz e. V.
BLL   Bund für Lebensmittelrecht und Lebensmittelkunde
BMELV   Bundesministerium für Ernährung, Landwirtschaft und Verbraucher-
         schutz
CIAA   Confédération des industries agroalimentaires de l'UE
DGE   Deutsche Gesellschaft für Ernährung
FKE   Forschungsinstitut für Kinderernährung Dortmund
FSA   Food Standards Agency
GDA   Guideline Daily Amount
PAL   physical activity level
KEG   Kommission der europäischen Gemeinschaften
VZ   Verbraucherzentrale
VZNRW   Verbraucherzentrale Nordrhein-Westfalen e. V.
VZBV   Verbraucherzentrale Bundesverband

1. Einleitung

In den entwickelten Industrieländern lässt sich in den letzten drei Jahrzehnten ein deutlicher Trend beobachten: Die Anzahl an Übergewichtigen und Adipösen aller Altersgruppen steigt kontinuierlich an (KOMMISSION DER EUROPÄISCHEN GEMEINSCHAFTEN (KEG) 2007; STEHLE 2010). Laut der EU-Kommission sind in den meisten EU-Mitgliedsstaaten mehr als die Hälfte der Erwachsenen übergewichtig (VERBRAUCHERZENTRALE NORDRHEIN-WESTFALEN E. V. (VZNRW) ET AL. 2007). Auch in Deutschland sind zwei Drittel der Männer und etwa die Hälfte der Frauen übergewichtig oder adipös (MAX RUBNER-INSTITUT BUNDESFORSCHUNGSINSTITUT FÜR ERNÄHRUNG UND LEBENSMITTEL 2008). Zudem sind auch schon viele Kinder und Jugendliche von Übergewicht oder Adipositas betroffen. Laut der KIGGS-Studie waren im Jahr 2006 15 % der 3- bis 17-Jährigen übergewichtig und davon über ein Drittel (6 %) adipös (ROBERT-KOCH-INSTITUT 2006).

Die durch Übergewicht und Adipositas ausgelösten Probleme sind vielschichtig. So leiden Betroffene häufig an Übergewicht- und Adipositas- assoziierten Krankheiten sowie Folgeerkrankungen. Hinzu kommen oft auch soziale und gesundheitsökonomische Probleme, so entstehen dem deutschen Gesundheitssystem jährlich 75 Milliarden Euro Kosten durch ernährungsassoziierte Krankheiten (HAHN 2008).

Um auf die Übergewichts- und Adipositasproblematik adäquat reagieren zu können, hat die Kommission der Europäischen Gemeinschaft verschiedene Maßnahmen in ihrem *Weißbuch* veröffentlicht. Eine dieser Maßnahmen ist eine bessere Verbraucherinformation mit Hilfe einer leicht verständlichen, möglicherweise verpflichtenden Nährwertkennzeichnung. Diese soll den Verbraucher bei der „Entscheidung für gesündere Lebensmittel und Getränke unterstützen" (KEG 2007, S. 6). Zudem soll geregelt werden, wie die Kennzeichnung auf der Verpackungsvorderseite durch eine vereinfachte Kennzeichnung oder Hinweise (KEG 2007) umgesetzt wird. Im *Folgenabschätzungsbericht über Fragen der Nährwertkennzeichnung* spricht sich die KEG schließlich klar für eine verpflichtende vereinfachte Nährwertkennzeichnung auf der Verpackungsvorderseite aus, da diese vom Verbraucher öfter zur Kenntnis genommen und verwendet wird als die Informationen auf der Verpackungsrückseite (KEG 2008).

Bisher ist unklar, wie die vereinfachte verpflichtende Nährwertkennzeichnung aussehen wird. Diskutiert werden die existierenden Kennzeichnungssysteme „Multiple Traffic Light (Ampel)" und „Guideline Daily Amount (GDA)" (BUNDESMINISTERIUM FÜR ERNÄHRUNG, LANDWIRTSCHAFT UND VERBRAUCHERSCHUTZ (BMELV) o. J.).

Die folgende Arbeit wird sich daher mit diesen beiden Kennzeichnungssystemen beschäftigen. Zuerst wird die Struktur von GDA- und Ampel-Kennzeichnung erläutert, dabei wird neben der Verpackungsvorderseite auch kurz auf die Verpackungsrückseite eingegangen, um das Gesamtbild der Kennzeichnung darzustellen. Im Anschluss wird die aktuelle Kontroverse um die beiden Kennzeichnungen dargestellt, wobei die wissenschaftliche Basis, Einheitlichkeit und Vergleichbarkeit sowie die Reichweite der Kennzeichnungen näher betrachtet werden. Es folgt eine Praxisbetrachtung der Kennzeichnungen in Bezug auf die Kriterien Nutzung, Verständlichkeit und Verbraucherpräferenz. Abschließend wird dargestellt, welche Kriterien ein Kennzeichnungssystem erfüllen sollte, um die Verbraucher bei Kaufentscheidungen im Sinne einer richtigen Beurteilung des Gesundheitswertes eines Produktes zu unterstützen.

2. Guideline Daily Amount (GDA) Kennzeichnung

Guideline Daily Amount bedeutet „Richtwert für die Tageszufuhr" bezogen auf
Energie und Nährstoffe. Die Grundlage für den GDA bilden die im Rahmen des
Projekts „EURODIET" erzielten Ergebnisse. Dieses Projekt wurde von der Europäischen Kommission, mit dem Ziel Ernährungsempfehlungen für Europa zu
formulieren (MÖSER 2010), finanziert. Außerdem wurden Empfehlungen diver-
ser nationaler Ernährungsgremien bei der Festlegung der GDA-Richtwerte mit-
berücksichtigt (HAHN 2008). Die Daten von „EURODIET" wurden vom Verband
der Europäischen Lebensmittelindustrie (Confédération des industries agroalimentaires de l'UE (CIAA)) interpretiert und angepasst, wobei sich die für „EU-
RODIET" zuständigen Organisationen nicht beteiligten (AID INFODIENST
ERNÄHRUNG, LANDWIRTSCHAFT, VERBRAUCHERSCHUTZ E. V.
(AID) 2008). Das Ergebnis sind die im Jahr 2006 von der CIAA veröffentlichten
Empfehlungen für eine allgemeine Nährwertkennzeichnung (Originalti-
tel:„Recommendations for a Common Nutrition Labelling Scheme"), welche einen Leitfaden der Lebensmittelindustrie für eine freiwillige Nährwertkennzeichnung darstellen. In den Empfehlungen stellt die CIAA das GDA-Nährwertkenn-
zeichnungssystem vor, dessen Aufbau im folgenden Punkt beschrieben wird.

2.1. Struktur der GDA- Kennzeichnung

Die GDA-Kennzeichnung informiert über den absoluten Energie- und Nährstoffgehalt einer Portion des jeweiligen Lebensmittels und weist den prozentualen
Anteil der Portion bezogen auf die tägliche Energie- und Nährwertzufuhr aus
(HAHN 2008). Eine Portion stellt dabei bei Portionspackungen eine Packung
(z. B. ein Müsliriegel) dar und bei größeren Verpackungen die durchschnittliche
Portionsgröße (z. B. Frühstückscerealien 40 g) (MÖSER 2010). Die Portionsgrößen können von den Lebensmittelherstellern frei gewählt werden, es sollen
dabei aber „übliche Verzehrmengen des jeweiligen Produktes berücksichtigt
werden" (MÖSER 2010, S. 11).

Zur Berechnung der GDA hat die CIAA Basisdaten für durchschnittliche Er-
wachsene mit normalem Körpergewicht veröffentlicht. Die acht gekennzeichneten Nährwerte werden auch als „Big Eight" bezeichnet.

Tab. 1: CIAA Basisdaten zur Berechnung der GDA (modifiziert nach: CIAA 2006)

Nährstoff	Frauen	Männer
Energie	2000 kcal	2500 kcal
Protein	50 g	60 g
Kohlenhydrate	270 g	340 g
Fett	70 g	80 g
gesättigte Fettsäuren	20 g	30 g
Ballaststoffe	25 g	25 g
Salz	6 g	6 g
Gesamtzucker	90 g	110 g

Bei den Werten für Fett, gesättigten Fettsäuren und Gesamtzucker handelt es
sich um Obergrenzen des jeweiligen Nährstoffs. Der übermäßige Verzehr
dieser Nährstoffe wird international als kritisch bewertet (KOCH 2008).

Die GDA-Kennzeichnung basiert auf den Richtwerten für die Tageszufuhr (GDAs) einer erwachsenen Frau mit einem durchschnittlichen täglichen Energiebedarf von 2000 kcal (siehe auch Tab. 1). Dieser Wert wurde laut CIAA (o. J.) gewählt, da dieser sich am besten an den Bedarf der Mehrzahl der Bevölkerung annähert.

Da der Bedarf an Energie und Nährstoffen einer Person abhängig von individuellen Faktoren wie Alter, Geschlecht, Größe, Gewicht und körperlicher Aktivität ist, kann der Richtwert für die Tageszufuhr nur als Orientierung und nicht als individuelle Zufuhrempfehlung dienen (KOCH 2008).

Auf der Verpackung von Lebensmitteln findet man die GDA- Kennzeichnung gemäß der CIAA Empfehlungen aus dem Jahr 2006 auf der Vorder- und Rückseite.

Auf der Verpackungsvorderseite (vgl. Abb. 1) befindet sich ein Feld, in welchem die Portionsgröße (hier 10 g) sowie die mit dieser Portion zugeführte Energiemenge (hier 72 kcal) und der prozentuale Anteil der Portion am Richtwert für die Tageszufuhr (CIAA o. J.) ablesbar ist.

Abb. 1: GDA Verpackungsvorderseite, Energiemenge (WALTER RAU LEBENSMITTELWERKE GMBH o. J.)

Das von der CIAA festgelegte Kennzeichnungssystem stellt es Unternehmen frei, neben dem Energiegehalt zusätzliche Nährwertinformationen auf der Verpackungsvorderseite abzudrucken. Einige Unternehmen geben den Gehalt an Energie (hier in kcal), Zucker, Fett, gesättigten Fettsäuren sowie Natrium bezogen auf eine Portion und den jeweiligen prozentualen Anteil des Richtwertes für die Tageszufuhr auf der Vorderseite an, andere nutzen dafür die Verpackungsrückseite (CIAA o. J.).

Abb. 2: GDA Verpackungsvorder- bzw. rückseite (WALTER RAU LEBENSMITTELWERKE GMBH o. J.)

Auf der Verpackungsrückseite befindet sich eine detailliertere Liste der Nährwert- und Energieinformationen bezogen auf 100 g bzw. 100 ml und pro Portion, wodurch die Vergleichbarkeit der Lebensmittel gewährleistet werden soll. Diese Liste umfasst mindestens die Punkte Energie, Zucker, Fett, gesättigte

Fettsäuren und Salz. Die Informationen werden entweder in Form von Symbolen oder einer Tabelle präsentiert (KOCH 2008). Die Angaben zum Zuckergehalt beziehen sich auf den Gesamtzuckergehalt des Lebensmittels (HAHN 2008).

2.2. Kontroverse um die GDA-Kennzeichnung

Um die GDA-Kennzeichnung ist eine intensive Diskussion entflammt. Die GDA-Kennzeichnung wird von der Lebensmittelindustrie und dem BMELV befürwortet. Die Verbraucherzentralen hingegen sind strikt gegen die GDA-Kennzeichnung und auch der AID und die DEUTSCHE GESELLSCHAFT FÜR ERNÄHRUNG (DGE) haben Kritik am GDA-System geäußert. Im Folgenden wird die Kontroverse in Bezug auf die wissenschaftliche Basis, die Einheitlichkeit und Vergleichbarkeit sowie die Reichweite der Kennzeichnung dargestellt.

Wissenschaftliche Basis

Der Hauptkritikpunkt an der GDA-Kennzeichnung ist die von der CIAA gewählte Referenzperson, eine erwachsenen Frau mit einem täglichen Energiebedarf von 2000 kcal. Bei Publikationen internationaler Gesellschaften beziehen sich die Referenzwerte immer auf die drei Variablen Geschlecht, Alter und körperliche Aktivität (PAL = physical activity level). Die Variable körperliche Aktivität bleibt beim Ansatz der CIAA unberücksichtigt und zur Variable Alter wird nur ausgesagt, dass die Person über 18 Jahre alt ist (DGE 2007). Die von der CIAA festgesetzten Werte für die tägliche Energiezufuhr, stimmen nur für sehr junge Frauen (15 bis unter 19 Jahre) die sich wenig bewegen (PAL = 1,4) mit den D-A-CH Referenzwerten überein (vgl. Tab. 2) (DGE 2000). Wird bei gleichbleibender körperlicher Aktivität nur die Variable Alter verändert, ist im Vergleich mit den D-A-CH Referenzwerten ersichtlich, dass die CIAA-Werte überhöht sind, da der Energieverbrauch für ältere Menschen wesentlich geringer ist. Der Energieverbrauch für Männer hingegen ist wesentlich höher. Ein Blick auf die Zufuhrempfehlungen des Forschungsinstituts für Kinderernährung Dortmund (FKE) zeigt, dass der CIAA-Wert von 2000 kcal für die tägliche Energiezufuhr auch für Kinder zu hoch angesetzt ist (vgl. Tab. 3). Zudem werden Personen in besonderen Lebenssituationen (Schwangere/ Stillende) in den Veröffentlichungen der CIAA nicht berücksichtigt (DGE 2007). Auch die Verbraucherzentrale Hamburg kritisieren den Richtwert von 2000 kcal, da dadurch ein falsches Bild für Kinder, Rentner und Männer entsteht (VERBRAUCHERZENTRALE BUNDESVERBAND (VZBV) o. J. a).

Tab. 2: D-A-CH Richtwerte für die tägliche Energiezufuhr Erwachsener (PAL: 1,4)
(modifiziert nach: DGE 2007)

Alter	Männer	Frauen
15 bis unter 19 Jahre	2500 kcal	2000 kcal
19 bis unter 25 Jahre	2500 kcal	1900 kcal
25 bis unter 51 Jahre	2400 kcal	1900 kcal
51 bis unter 65 Jahre	2200 kcal	1800 kcal
65 und älter	2000 kcal	1600 kcal

Tab. 3: FKE Empfehlungen für die tägliche Energiezufuhr von Kindern und Jugendlichen (modifiziert nach: AID 2007)

Alter	Jungen	Mädchen
1	950 kcal	950 kcal
2 - 3	1100 kcal	1100 kcal
4 - 6	1450 kcal	1450 kcal
7 - 9	1800 kcal	1800 kcal
10 - 12	2150 kcal	2150 kcal
13 - 14	2700 kcal	2200 kcal
15 - 18	3100 kcal	2500 kcal

Im Hinblick auf die Vermeidung von Übergewicht und Adipositas begrüßt die DGE jedoch, dass der niedrige Richtwert für Frauen von 2000 kcal auf Verpackungen angegeben wird (DGE 2007).

Die Basisdaten der CIAA zur Berechnung des GDA (vgl. Tab. 1) sind vom Verbraucher als Obergrenze (Fett, gesättigte Fettsäuren, Salz) bzw. als Untergrenze (Kohlehydrate, Ballaststoffe) zu interpretieren (DGE 2007). Auf den Produktverpackungen wird jedoch nicht darauf hingewiesen, dass es sich um Maximal- bzw. Mindestwerte handelt. Dies ist problematisch, da die angegebenen Maximalwerte für die Zufuhr von Fett und gesättigten Fettsäuren für ältere Menschen oft zu hoch sind (AID 2008 a).

Ein weiterer Kritikpunkt besteht im Richtwert für die Proteinzufuhr, welcher mit 10 % des Energiebedarfs angegeben ist. Damit kommt die CIAA auf täglich 50 g Protein für Frauen und 60 g für Männer. Diese Berechnung ist umstritten, denn der Proteinbedarf hängt vom Körpergewicht ab und muss daher individuell mit Hilfe des Referenzwertes von 0,8 g Protein pro Kilogramm Körpergewicht berechnet werden (AID 2008 a).

Auch die Berechnung der GDA-Werte für Zucker ist umstritten. Für die Zuckeraufnahme gibt es keine Richtwerte von EURODIET. Daher hat die CIAA die natürlich vorkommenden Zuckermengen in Tagesportionen verschiedener Lebensmittel zusammengerechnet und addiert zusätzlich 10 % der Nahrungsenergie an zugesetztem Zucker.

Die Berechnung wird von der DGE kritisiert, da sie zur Verdrängung von Lebensmitteln mit natürlichem Zuckergehalt durch Lebensmittel mit Zuckerzusatz führen könnte (AID 2008 a). Die Verbraucherzentrale Hamburg hält die angesetzte Menge für Zucker von 90 g bei Frauen und 110 g bei Männern grundsätzlich für zu hoch (VERBRAUCHERZENTRALE (VZ) HAMBURG E. V. o. J. a). Auch die Friedrich-Ebert-Stiftung (2007) sieht den Wert von 90 g als zu hoch an und weist auf die Empfehlungen von DGE und WHO hin, welche den Konsum von 50 - 60 g Zucker pro Tag empfehlen.

Einheitlichkeit und Vergleichbarkeit

Die Verbraucherzentralen kritisieren, dass es keine standardisierten Portionsgrößen innerhalb einer Produktlinie gibt, Hersteller können diese frei wählen wodurch die einzelnen Produkte schwer vergleichbar sind (MÖSER 2010; VZBV o. J. a). Laut Koch (2008) ist jedoch ein Bemühen der Industrie zur Vereinheitlichung der Portionsgrößen innerhalb einer Produktart erkennbar.

Zudem kritisiert die Verbraucherzentrale, dass auf den Verpackungen angegebenen Portionsgrößen oft unrealistisch klein sind (VBZV o. J. a). Möser (2010) weist daraufhin, dass durch die angegebenen Portionsgrößen eine Beeinflussung des Verbrauchers erfolgen könnte, sie nennt als Beispiel die Angabe einer kleinen Portionsgröße bei energiereichen Lebensmitteln wie Süßigkeiten.

Reichweite der GDA-Kennzeichnung

Die GDA-Kennzeichnung ist eine ist das in Europa am weitesten verbreitetste Kennzeichnungssystem: Sie wird sie in 27 Ländern genutzt und ist auf der Mehrzahl aller Produkte zu finden (KETCHUM PLEON GMBH O. J. c).

Laut Möser (2010) bringt die GDA-Kennzeichnung keine Erleichterung bei Umsetzen einer gesünderen Ernährungsweise, da sie freiwillig ist und Hersteller so bestimmte Produkte durch Kennzeichnung herausstellen können.

Im August 2009 haben die Verbraucherzentralen in einer bundesweiten Untersuchung die Nährwertkennzeichnung auf mehr als 3.500 Lebensmittel von über 50 Herstellern überprüft. Die Ergebnisse zeigen, dass die Hersteller die freiwillige Nährwertkennzeichnung noch nicht genügend nutzen. So fehlte bei fast 50 % der Lebensmitteln die vollständige Kennzeichnung mit den "Big Eight". Bei 15 % der Lebensmittel war gar keine Kennzeichnung vorhanden. Zudem stellten die Verbraucherzentralen fest, dass zucker- oder fettreiche Lebensmittel seltener gekennzeichnet wurden als kalorienarme Produkte; so deklarierte ein Hersteller seinen fettarmen Schinken, die kalorienreiche Kalbsleberwurst blieb jedoch ohne Kennzeichnung (VZ HESSEN 2009 b; VZNRW 2010).

3. Ampelkennzeichnung

Die Ampelkennzeichnung, beziehungsweise das "Multiple Traffic Light" wurde von der britischen Lebensmittelbehörde Food Standards Agency (FSA) entwickelt und veranschaulicht Energie- und Nährstoffgehalte eines Lebensmittels mit Hilfe einer Farbcodierung (FSA 2007). Dem Konsumenten soll mit Hilfe des ihm aus dem Alltag bekannten Systems der Ampel eine leichte Orientierung ermöglicht werden, er soll „schnell erkennen können, welche Lebensmittel gesund und welche weniger gesund sind" (AID 2008 b, S. 1).

3.1. Struktur der Ampelkennzeichnung

Bei der Gestaltung der Verpackungsvorderseite gibt es inhaltliche Unterschiede zwischen den von der FSA und der Verbraucherzentrale Hamburg veröffentlichten Modellen, wobei letzteres auf dem FSA Modell basiert.

Die FSA sieht vor, auf der Vorderseite die Nährwerte Fett, gesättigte Fettsäuren, Salz und Zucker pro Portion anzugeben (siehe Abb. 3). Die Portionsgröße soll sich auf eine realistische Portion beziehen und klar auf der Verpackung ausgewiesen sein, z. B. eine Portion ist ein Burger. Zusätzlich können Angaben zum Kaloriengehalt des Lebensmittels und Angaben zum GDA gemacht werden (vgl. Abb. 4) (FSA 2007). Beim Modell der Verbraucherzentrale sind auf der Verpackungsvorderseite die Nährwerte Fett, gesättigten Fettsäuren, Salz und Zucker in g pro 100 g/ml des Lebensmittels angegeben (vgl. Abb. 5). (VZBV o. J. b). Bei beiden Modellen sind die einzelnen Nährwerte farblich unterlegt und so einer der drei Farbgruppen rot, gelb oder grün zugeordnet.

Es gibt kein festgelegtes Design der Ampelkennzeichnung. Die FSA hat jedoch Hinweise für die Erstellung zu Design und Platzierung der Kennzeichnung sowie Beispiele für Formate der Kennzeichnung veröffentlicht.

Abb. 3: Ampelkennzeichnung der FSA (modifiziert nach: FSA o. J. b)

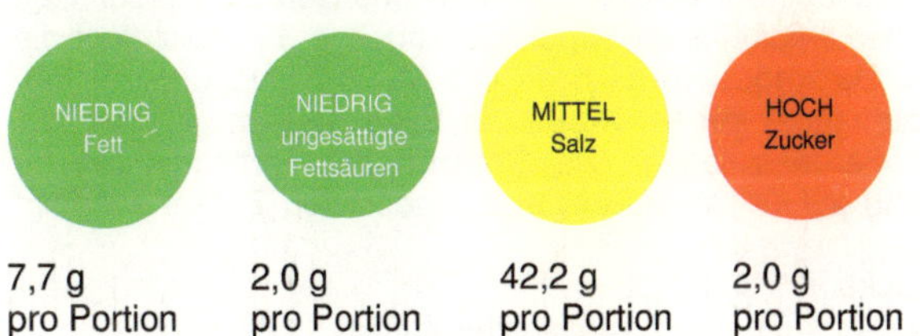

Abb. 4: Ampelkennzeichnung, kombiniert mit GDA und Brennwert (FSA 2007)

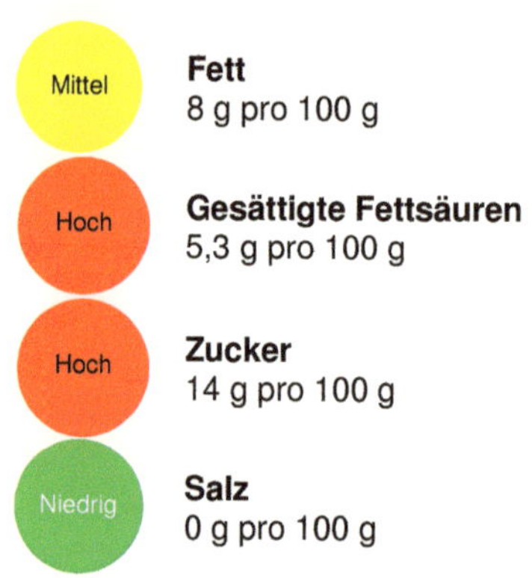

**Abb. 5: Ampelkennzeichnung der Verbraucherzentrale Hamburg (modifiziert nach:
Verbraucherzentrale HAMBURG E. V. 2009)**

Die Einteilung nach Farben erfolgt auf Basis von Schwellenwerten (vgl. Tab. 2),
welche von der FSA auf Grundlage verschiedener Quellen festgesetzt wurden.
Die Grenzen zwischen grün und gelb basieren auf den EU-Rechtsakten (EC)
No. 1924/2006 zu den Themen Nährstoffe und Health-Claims, welche im Juli
2007 in Kraft getreten ist (FSA 2007). Ein Nährstoff wird mit grün gekennzeich-
net wenn er „die Konzentration nicht übersteigt, die nach der HCV eine Be-
zeichnung als „-arm" rechtfertigt (z. B. „fettarm" bei weniger als 3 g Fett/100 g)"
(PREUSS 2008, S. 12).
Der Abgrenzung von gelb/ rot liegen Empfehlungen des Scientific Advisory
Committee on Nutrition (SACN) sowie des Committee on Medical Aspects of
Food and Nutrition Policy (COMA) für Fett, gesättigte Fettsäuren, Zucker und
Salz zu Grunde. Eine rote Kennzeichnung erhält ein Nährstoff dann, wenn beim
Verzehr von 100 g des Lebensmittels 25 % der empfohlenen Tageshöchstmen-
ge des Nährstoffes aufgenommen werden. Bei Berechnungen pro Portion liegt
die Grenze bei 30 % der empfohlenen Tageshöchstmenge, bei Salz liegt die
rote Grenze bei 40 %. Da weder SACN noch COMA Empfehlungen zur täg-
lichen Gesamtzuckeraufnahme geben, wurde ein Expertenteam gebildet, um
ein angemessene Größe festzulegen. Die Grenzen der Farbcodierung für
Zucker wurden in Bezug auf Gesamtzucker und zugesetzten Zucker wie folgt
festgesetzt:
- Grün: Gesamtzucker ≤ 5 g/100 g.
- Gelb: Gesamtzucker > 5 g/100g, zugesetzter Zucker < 12,5 g/100 g
- Rot: zugesetzter Zucker >12,5 g (FSA 2007)

Tab. 4: FSA Schwellenwerte Lebensmittel (pro 100 g) (modifiziert nach: FSA 2007)

	Grün (niedrig)	Gelb (mittel)	Rot (hoch)
Fett	≤ 3,0 g	> 3,0 g bis ≤ 20,0 g	> 20,0 g
Gesättigte Fettsäuren	≤ 1,5 g	> 1,5 g bis ≤ 5,0 g	> 5,0 g
Zucker	≤ 5,0 g	> 5,0 g bis ≤ 12,5 g	> 12,5 g
Salz	≤ 0,3 g	> 0,3 g bis 1,5 g	> 1,5 g

	Grün (niedrig)	Gelb (mittel)	Rot (hoch)
Fett	≤1,5 g	>1,5 g bis ≤10,0 g	>10,0 g
Gesättigte Fettsäuren	≤0,75 g	>0,75 g bis ≤2,5 g	>2,5 g
Zucker	≤2,5 g	>2,5 g bis ≤6,3 g	>6,3 g
Salz	≤0,3 g	>0,3 g bis ≤1,5 g	>1,5 g

Die Verbraucherzentrale Hamburg hat für ihr Modell die Schwellenwerte der FSA genutzt.

Die einzelnen Farbbereiche sind laut Verbraucherzentrale Hamburg und FSA wie folgt zu verstehen:

- Die Farbe Rot bedeutet, dass das Lebensmittel einen hohen Gehalt an Fett, gesättigten Fettsäuren, Zucker oder Salz aufweist. Das Lebensmittel soll daher nur ab und zu gegessen werden bzw. in geringen Mengen. Der Konsument wird angehalten, die Aufnahme des Lebensmittels zu verringern und darauf zu achten, wie viel er von dem Lebensmittel verzehrt.
- Die Farbe Gelb weist einen mittleren Gehalt des jeweiligen Nährstoffes aus. Die Auswahl des Lebensmittels wird von der FSA als gut bewertet, es wird jedoch darauf hingewiesen, eher zu einer grünen Kennzeichnung zu tendieren.
- Grün bedeutet, das Lebensmittel hat einen niedrigen Nährstoffgehalt. Je mehr grüne Punkte, umso gesünder ist die Wahl, dieses Lebensmittel kann reichlich verzehrt werden (VZ HAMBURG o. J.; FSA o. J. b).

Auf der Verpackungsrückseite sollen in tabellarischer Form die "Big Eight" (Brennwert, Eiweiß, Kohlenhydrate, Zucker, Fett, gesättigte Fettsäuren, Ballaststoffe und Natrium) bezogen auf 100 g bzw. 100 ml sowie auf eine Portion des Lebensmittels abgebildet werden (VZNRW/ VZ HAMBURG/ NEUE VZ IN MECKLENBURG UND VORPOMMERN 2007).

3.2. Kontroverse um die Ampelkennzeichnung

Die Ampelkennzeichnung ist momentan die stärkste Alternative zur GDA-Kennzeichnung. Sie wird von den Verbraucherzentralen gefordert und wird von Seiten der Lebensmittelindustrie abgelehnt.

Wissenschaftliche Basis

Die DGE kritisiert die Grenze der Ampelkennzeichnung zwischen rot und gelb, da sie die korrekte wissenschaftliche Ableitung von Bezugsgrößen für die Bewertung von Lebensmitteln für nicht möglich hält. Zudem sind die Bezugsgrößen der Ampelkennzeichnung wissenschaftlich unklar. Auch sind die Spannen im Ampelsystem zwischen den einzelnen Farbbereichen zu groß, was die Vergleichbarkeit der Lebensmittel erschwert. So wird z. B. der Fettgehalt eines Lebensmittels wird mit Gelb bewertet, wenn dieses 3 bis 20 g Fett pro 100 g/ml beinhaltet. Der Unterschied zwischen zwei Gelb gekennzeichneten Lebensmitteln kann jedoch groß sein: Bei einem Produkt mit einem Fettgehalt von 3 g/100 g sind 27 kcal aus Fett, wohingegen bei einem Lebensmittel mit 20 g Fett 180 kcal aus Fett sind (DGE 2009).

Die Unterteilung in drei Farbbereiche macht die abgestufte Bewertung der Lebensmittel unmöglich (HAHN 2008). Die Stufenbildung des Ampelsystems wird auch von Preuß (2008) kritisiert, da diese nur eine vergleichbare Bewertung ermöglicht, wenn 100 g/ml des Lebensmittel aufgenommen werden, dies kommt jedoch selten in der Realität vor. Er sieht den primären Mangel des Ampelsystems darin, dass die Einteilung in Farbklassen auf dem Basis des prozentualen Nährstoffgehalt im Lebensmittel erfolgt und die eigentlich verzehrten Portionen unberücksichtigt bleiben. Er räumt jedoch ein, dass eine Standardisierung von Verzehrsportionen für Lebensmittel unmöglich ist, auf Grund der variierenden individuellen Verzehrmenge sowie den verschiedenen Portionsgrößen verpackter Lebensmittel wie Joghurt oder Riegel. Wenn der Portionsbezug bei der Farbgebung der einzelnen Lebensmittel nicht möglich ist, stellt die Rubrikenbildung auf Grundlage des prozentualen Nährstoffgehaltes in der Realität keine vernünftige Problemlösung dar. Dies verdeutlicht Preuß (2008) mit folgendem Beispiel: Ein Sahnejoghurt mit einem Fettgehalt von 10 g/100 g Fett erhält die Kennzeichnungsfarbe Gelb (gelb = 3 – 20 g Fett/100 g des Lebensmittels), eine Nuss-Nougat-Creme mit 30 g Fett wird mit Rot gekennzeichnet (rot = über 20 g Fett/100 g des Lebensmittels). Bezieht man nun die üblichen Verzehrsportionen der Lebensmittel mit ein, so nimmt man mit der Nuss-Nougat-Creme auf einer Brotscheibe (etwa 15 g) 4,5 g Fett auf, mit dem Verzehr des Sahnejoghurts (150 g Becher) jedoch 15 g Fett zu sich. Auch Bundesministerin Aigner lehnt die Ampel wegen der unzureichenden Berücksichtigung der Portionsgrössen ab und sagt: „Welchen Nährwert ein Lebensmittel hat, ist doch eine Frage der Menge" (JAHNBERG/WORTSCHKA 2010). Die ernährungsphysiologische Qualität von Lebensmitteln wird durch die Summe der Qualitäten der einzelnen Lebensmittel gebildet. Daher ist die Bewertung von Lebensmitteln auf Grundlage von Bezugsgrößen ohne das Einbeziehen anderer Aspekte nicht möglich (DGE 2009).

Preuß (2008) kritisiert, dass mit Hilfe der Ampelkennzeichnung nur Produkte innerhalb einer Lebensmittelgruppe und nicht zwischen den Lebensmittelgruppen verglichen werden können.

Beim Ampelsystem besteht keine Vorgabe für eine einheitliche Grafik. In der Folge sind auf dem Lebensmittelmarkt im Vereinigten Königreich bereits viele verschiedene Designs der Kennzeichnung entstanden, eine Auswahl dieser ist in Abb. 5 dargestellt. Bei vielen Grafiken ist nur schwer erkennbar, welcher Nährstoff welcher Farbe zugeordnet ist. Zudem sind die Angaben nicht einheitlich auf 100 g, sondern auch auf eine Portion bezogen. Des Weiteren wird in einigen Kennzeichnungen neben Fett, gesättigten Fettsäuren, Zucker und Salz zusätzlich der Brennwert des Lebensmittels angegeben. Der Verbraucher findet so entweder vier oder fünf Felder auf der Verpackung. Die verschiedenen Darstellungsformen und das partielle Einbeziehen des Brennwertes und der GDA erschwert die Verständlichkeit und kann zur Verwirrung der Verbraucher führen (PREUSS 2008).

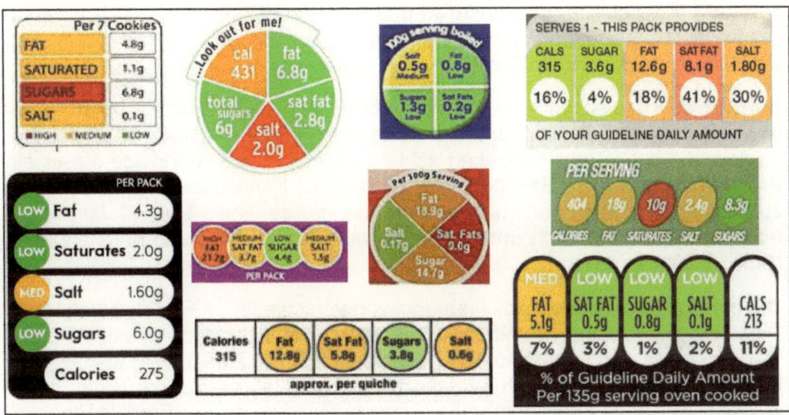

Abb. 6: Darstellungsvielfalt der Ampelkennzeichnung (modifiziert nach: SAINSBURY'S SUPERMARKETS LTD. o. J.; WAITROSE o. J.; MARKS AND SPENCER PLC 2010; FSA o. J. c)

In Großbritannien wird die Ampelkennzeichnung schon von vielen großen Lebensmittelketten verwendet, zu Beginn des Jahres 2008 waren über 10.000 Produkte mit der Ampel gekennzeichnet (FSA o. J. c; AID 2008 b). In Deutschland wird die Ampelkennzeichnung kaum genutzt, da sie vom BLL abgelehnt wird. Nur die Firma FROSTA verwendet seit August letzten Jahre auf vier ihrer Tiefkühlprodukte die Ampelkennzeichnung (MATTHIAS 2010). Die Verbraucherzentralen haben zudem die Internetseite *ampelcheck.de* eingerichtet, auf der man bereits für viele Produkte die jeweilige Ampelkennzeichnung einsehen kann. Zudem gibt es die Ampelcheckkarte der Verbraucherzentrale, mit welcher der Verbraucher im Laden sein Produkt farblich einordnen kann.

4. Kennzeichnungssysteme in der Praxis

Nach der Vorstellung der Kennzeichnungssysteme GDA und Nährwertampel soll im folgenden deren Verwendung in der Praxis betrachtet werden. Dazu wird darauf eingegangen, wie die Kennzeichnungen von der Bevölkerung genutzt und verstanden werden und welches Kennzeichnungssystem bevorzugt wird.

4.1. Kriterium der Verbrauchernutzung

Im Rahmen der EUFIC-Studie wurden Verbraucher in sechs europäischen Ländern über ihre Ernährungswissen und ihre Nutzung von Nährwertkennzeichnungen befragt. Die Ergebnisse der Studie zeigen, dass weniger als 1/3 der Konsumenten der sechs ausgewählten EU-Länder die Nährwertkennzeichnung bei der Lebensmittelauswahl nutzen. Konsumenten die die Kennzeichnung nutzen, orientierten sich an Kalorien-, Fett- und Zuckergehalt des Produktes. Dazu verwenden die Verbraucher in Deutschland, Schweden, Ungarn und Polen an erster Stelle die Nährwerttabelle und an zweiter Stelle die GDA-Kennzeichnung sowie die Zutatenliste. In Frankreich und dem Vereinigten Königreich schauen die Konsumenten dagegen zuerst auf die GDA-Kennzeichnung und dann auf die Nährwerttabelle (EUFIC 2008).

Nur 1/3 der deutschen Bevölkerung achtet beim Lebensmitteleinkauf immer bzw. oft auf Fett-, Zucker- und Kaloriengehalt eines Produktes. 49 % der Befragten, die auf Nährwertangaben achten, gaben an, auf Grundlage dieser ein Produkt auszuwählen. Besonders selten wird die Kennzeichnung im Vergleich zu anderen Altersgruppen von Jugendlichen im Alter von 13 bis 17 Jahren genutzt, so achten nur 10 % immer bzw. oft auf Zucker-, Fett- und Kaloriengehalt (BMELV 2008).

Die die Nutzung der Kennzeichnung ist von verschiedenen Faktoren abhängig. Dies sind persönliche Kenndaten (z. B. Alter, Bildungsstand), situations-, einstellungs- und verhaltensbedingte Faktoren (z. B. Einkommen, Haushaltstyp), Produktinvolvement (z. B. Preis, Geschmack), Einkaufsverhalten, Ernährungswissen, Motivation und anderen Faktoren (z. B. Nutzung von Produktangaben, Einstellung zu Ernährung) (DRICHOUTIS/LAZARIDIS/ NAYGA 2006). Zudem wurde ein positiver Zusammenhang zwischen Kenntnisstand zu Nährwertangaben und der Beachtung dieser deutlich. 65 % der Befragten mit hohem Wissensstand über Nährwertkennzeichnung wählen ihre Lebensmittel mit Hilfe der Nährwertangaben aus. Nur 30 % der anderen Interviewten nutzen die Nährwertkennzeichnung zur Auswahl. Zudem können Experten im Bereich Ernährung aus den Kennzeichnungen mehr Informationen erhalten als Laien. Zudem werden die Angaben bezogen auf 100 g mehr genutzt wurden als Angaben pro Portion (HIGGINS ET AL. 2002).

4.2. Kriterium der Verständlichkeit

Laut der EUFIC-Studie wird die GDA-Kennzeichnung gut von den Konsumenten aller sechs EU-Länder verstanden, dies war vor allem im Vereinigten Königreich und in Deutschland der Fall. Die Konsumenten in Frankreich hatten starke Probleme beim Verständnis der GDA-Kennzeichnung.

Das Verständnis der Ampelkennzeichnung wurde bei französischen und britischen Verbrauchern getestet. Dabei wurde die Farbe, welche den höchsten Nährstoffgehalt symbolisiert (rot oder orange) von vielen Verbrauchern als Verbot, das Lebensmittel zu konsumieren, fehlinterpretiert.

Ampelkennzeichnung

Laut der Friedrich-Ebert-Stiftung (2007) bietet die Ampelkennzeichnung dem Verbraucher eine gute Informationsbasis für eine schnelle, gesunde Lebensmittelauswahl innerhalb einer Produktgruppe. Dabei ist sie einfach und intuitiv zu verstehen, was vorteilhaft für bildungsferne Verbraucher ist (FRIEDRICH-EBERT-STIFTUNG 2007). Vierboom (2010) hält die Ampel momentan für die wirkungsstärkste Alternative der Nährwertkennzeichnung da sie durch ihre bildhafte Darstellung gut im Alltag genutzt werden kann. Laut Möser (2010) wird die Ampelkennzeichnung von den Verbrauchern als leichter verständlich eingeschätzt.

Der Bund für Lebensmittelrecht und Lebensmittelkunde (BLL) warnt jedoch vor einer Bevormundung der Verbraucher durch die Ampelkennzeichnung (BLL o. J.; Moritz 2010). Daneben birgt die Ampelkennzeichnung die Gefahr, zu einer einseitigen Ernährungsweise basierend auf grünen Ampeln zu animieren (BLL o. J.; HAHN 2008).

Möser merkt zudem an, dass durch die Kennzeichnung nur auf „negativ" bewertete Nährstoffe wie Fett aufmerksam gemacht wird. Zugleich werden positive Seiteneffekte wie die Wirkung ungesättigter Fettsäuren auf den Cholesterin Spiegel nicht vermittelt. Sie zieht daraus das Resultat, dass trotz guter Verständlichkeit der Ampelkennzeichnung der Verbraucher im Entscheidungsprozess die Verpackung genau lesen und je nach Produkt abwägen muss (MÖSER 2010).

GDA-Kennzeichnung

Die GDA-Kennzeichnung gibt wertfreie sachliche Informationen, ohne den Verbraucher zu bevormunden (MORITZ 2010). Laut der Initiative der Lebensmittelwirtschaft „Ausgezeichnet informiert" helfen die Prozentangaben dem Verbraucher, ein Gefühl für die Zusammensetzung eines Lebensmittelns und die zu verzehrende Menge zu bekommen (KETCHUM PLEON GMBH o. J. a). Die Portionsgrößen, d. h. die „Mengen, die für gewöhnlich von einem Nahrungsmittel verzehrt werden" helfen dem Verbraucher, die genaue Menge an Nährstoffen für eine Portion des Lebensmittels zu bestimmen (KETCHUM PLEON GMBH o. J. b).

Preuß sieht die Wertfreiheit der GDA-Kennzeichnung, durch den Verzicht von farblicher Codierung als Nachteil der Kennzeichnung, da mit Hilfe von Farben die „klarste und am leichtesten verständliche Darstellung einer Information" möglich ist (PREUSS 2008, S. 8). Laut Studien zum Kaufverhalten beträgt die durchschnittliche Betrachtungszeit eines Etiketts zwei Sekunden, in dieser kurzen Zeit ist es nicht möglich, die GDA-Kennzeichnung zu verstehen (PREUSS 2008). Um die GDA-Kennzeichnung innerhalb einer sachkundigen Kaufentscheidung zu nutzen, müssen Konsumenten ein umfangreiches Ernährungswissen besitzen. Doch auch fachlich vorgebildet Konsumenten müssen intensiv überlegen, um die Informationen korrekt einzuordnen (MÖSER 2010). Laut Etgeton vom VZBV sind die Verbraucher mit den Angaben pro Portion am Anteil an der täglichen Energiezufuhr überfordert. Dies wird auch aus den Angaben der britischen Children´s Food Campaign deutlich, welche feststellte, dass die Hälfte der Erwachsenen die Prozentzahlen nicht verstehen -auf Grund unzureichender Rechenkenntnisse (AID 2008 a).

Einschätzung des Gesundheitswerts

Im Rahmen der EUFIC-Studie waren die meisten Konsumenten in der Lage, auf Basis der Kennzeichnung richtige Folgerungen in Bezug auf den Gesundheitswert des Lebensmittels zu schließen. Dabei ergaben sich nur geringe Unterschiede zwischen den Kennzeichnungssystemen Ampel und GDA. Die meisten Konsumenten konnten mit Hilfe der GDA-Kennzeichnung das gesündere Produkt identifizieren. Die britischen Verbraucher sollten zusätzlich mit Hilfe der Ampelkennzeichnung den Gesundheitswert eines Lebensmittels identifizieren. Das Resultat war positiv, über 80 % der Befragten in Vereinigten Königreich konnten das gesündeste Produkt unabhängig vom Kennzeichnungssystem erkennen.

Zudem sollten die Verbraucher die gesündeste Wahl zwischen drei Fertiggerichten treffen. Dabei zeigte sich, dass die Mehrheit des Konsumenten im Vereinigten Königreich, Frankreich und Deutschland in der Lage waren, das gesündeste Produkt unabhängig vom Nährwertkennzeichnungssystem auf der Verpackung zu wählen. Bei der Kategorisierung eines Produktes in gesund oder ungesund achteten die Konsumenten vor allem auf den Brennwert und Fettgehalt des Produkts.

Konsumenten mit großem Ernährungswissen oder Interesse für gesunde Ernährung fiel es leichter den Gesundheitswert eines Produktes mit Hilfe der Nährwertkennzeichnung zu bewerten (EUFIC 2008). Auch Jansen und Leonhäuser (2010) stellen in ihrer Studie zur GDA-Kennzeichnung eine positive Korrelation zwischen Ernährungswissen und Verständnis der GDA-Kennzeichnung fest.

4.3. Kriterium der Präferenz

Fast die Hälfte der Deutschen bevorzugt die Nährwertangaben pro Einheit (z. B. 100 g/ml) gegenüber den Nährwertangaben pro Portion (BMELV 2008). In der Umfrage des Instituts für Agrarpolitik und Marktforschung der Universität Gießen zum Thema vereinfachende Nährwertkennzeichnung war der Trend noch stärker ausgeprägt: Hier gaben 73 % der Befragten an, die Nährwertkennzeichnung pro 100 g/ml zu präferieren (MÖSER 2010). Dieser Unterschied kann an den abweichenden Antwortmöglichkeiten beider Befragungen liegen. So konnten die Befragten in der von BMELV beauftragten Studie auf die Frage, ob sie die Darstellung von Nährwerten pro Einheit (z. B.100 g/ml) oder pro Portion präferieren, mit „pro Einheit", „pro Portion", „Weiß nicht" antworten. Wohingegen die Befragten bei der Umfrage des Instituts für Agrarpolitik und Marktforschung nur die Antwortmöglichkeiten „Angaben pro Portion" und „Angaben pro 100 g/100ml" hatten. Zudem waren bei der Stichprobe der Gießener Studie die Personen ohne Hochschul- oder Fachhochschulreife sowie ältere Menschen im Vergleich mit der Gesamtbevölkerung unterpräsentiert (MÖSER 2010).

Bei der Gießener Studie präferierten 73 % der Befragten die Ampelkennzeichnung. Das Design der Kennzeichnung gefiel den Interviewten bessern und wurde besser verstanden. Zudem fühlten sie sich aufgeklärter und bewerteten die Lesezeit als geringer (MÖSER 2010).

5. Struktur einer verbraucherfreundlichen Kennzeichnung

Die Informationen auf der Produktverpackung stellen für den Verbraucher oft die einzige Informationsquelle beim Lebensmittelkauf dar (COWBURN/STOCK-LEY 2005), nur wenige Verbraucher lassen sich zusätzlich im Geschäft oder über das Internet beraten (SCHÖNHEIT 2004). 2/3 der Konsumenten nutzen die Produktinformationen auf der Verpackungsvorderseite vor einer Kaufentscheidung und nur 15 % der Verbraucher informieren sich an einer anderen Stelle der Verpackung (EUFIC 2008). Laut Schönheit (2005) ist die Verbraucherunzufriedenheit über Informationen auf Lebensmittelverpackungen im Vergleich zu anderen Produkten wie etwa Textilien relativ hoch. Er folgert daraus, dass die gegebenen Informationen nicht ausreichen, um die Unsicherheiten der Verbraucher angemessen abzubauen.

Die Nährwertkennzeichnung wird laut EUFIC-Studie nur von 1/3 der Konsumenten verwendet. Vor allem Personen mit hohem Einkommen, hohem Bildungsgrad, Ernährungswissen sowie Menschen mit Interessen an den Themen Ernährung und Gesundheit nutzen die Kennzeichnung (PETROVICI/RITSON 2006). Die Gründe, die Konsumenten von der Nutzung abhalten, sind vielfältig. Laut EUFIC-Studie benötigen Konsumenten durchschnittlich 30 Sekunden für die Kaufentscheidung eines Produkts (EUFIC 2008). Viele Verbraucher haben nur wenig Zeit zum Lebensmitteleinkauf und verzichten daher auf die Verwendung der Kennzeichnung (COWBURN/STOCKLEY 2005). Viele Etiketten sind schlecht lesbar, durch Verwendung kleine Schriftgrößen sowie Darstellungen mit geringem Farbkontrast (EUFIC 2005) gerade für ältere Menschen mit einem Lebensalter über 50 stellt dies ein großes Problem dar (JANSEN 2010). Daneben ist die Ausdrucksweise teils zu kompliziert gewählt und es werden zusätzliche, von den Konsumenten als überflüssig empfundene, Angaben gemacht (EUFIC 2005). Eine schwer verständliche und schlecht lesbare Kennzeichnung demotiviert die Verbraucher und wird nicht als Informationsquelle zur Unterstützung einer gesunden Ernährung herangezogen (EUFIC 2005). Auch werden die Konsumenten durch die unterschiedlichen Designs der Kennzeichnungen verwirrt (FEUNKES ET AL. 2008). Zudem zweifeln Verbraucher an der Glaubwürdigkeit und Richtigkeit der angegebenen Informationen (COWBURN/STOCKLEY 2005). Konsumenten welche die Kennzeichnung nutzen, finden es schwierig die Angaben auf den Verpackungen in ihre tägliche Ernährung zu integrieren, da nur wenige ihren täglichen Kalorienumsatz kennen (EUFIC 2005).

Eine Kennzeichnung welche den Verbraucher motivieren soll, muss daher einige Kriterien erfüllen. Die Designelemente sollten gut lesbar, anschaulich, einheitlich und prägnant sein. Der Informationsumfang soll gering gehalten werden und die einzelnen Informationen sollten hierarchisch geordnet werden, mit Hilfe von Absätzen, Hervorhebungen und Farbunterlegungen, damit der Konsument wichtige Informationen leicht erkennen kann (EUFIC 2005).

Die Zuordnung zu einer Institution wäre sinnvoll (EUFIC 2005), da die Glaubwürdigkeit einer Kennzeichnung erhöht wird, wenn sie von einer nationalen oder internationalen Organisation, die im Bereich Gesundheit und Ernährung tätig ist, unterstützt wird (FEUNKES ET AL. 2008). Dabei wird eine Befürwortung durch die WHO oder die jeweilige nationale Organisation des Landes von den Verbrauchern als glaubwürdiger eingeschätzt als eine Befürwortung durch die Europäischen Union oder die Europäischen Lebensmittelindustrie.

Daneben müssen dem Konsumenten Verwendung und Funktion der Kennzeichnung besser vermittelt werden, dies kann durch die Bereitstellung zusätzlicher Informationen über verschiedene Medien (Internet, Broschüren, zusätzliche bzw. ablösbare Etiketten) erfolgen. Die Verbraucher wollen nützliche Empfehlungen, welche ihnen helfen, die Angaben auf dem Etikett zu verstehen und das Lebensmittel Ihre tägliche Ernährung zu integrieren. Zudem wollen Verbraucher ihr Ernährungswissen verbessern um dies zu unterstützen müssen ihnen zusätzliche Informationen zu Verfügung gestellt werden.

Bei der Umsetzung wäre die Einführung einer verpflichtende, einheitlichen europäischen oder besser noch internationalen Kennzeichnung zu begrüßen (FEUNKES ET AL. 2008). Wichtig ist zudem, dass bei der Erstellung einer Kennzeichnung besonders auf die Personen Rücksicht genommen wird, welche die Kennzeichnung momentan nicht nutzen.

6. Fazit und Ausblick

Auf Grund der steigenden Anzahl von Übergewichtigen und Adipösen in der EU hat die EU-Kommission die Einführung einer verpflichtenden vereinfachten Nährwertkennzeichnung beschlossen. Es ist noch unklar, wie die Kennzeichnung genau aussehen wird. Momentan stehen für die Kennzeichnung auf der Verpackungsvorderseite vor allem die Guideline Daily Amount (GDA)-Kennzeichnung und die Ampelkennzeichnung zur Diskussion.

Die GDA-Kennzeichnung wurde vom europäischen Verband der Lebensmittelindustrie (CIAA) entwickelt. Sie informiert auf der Vorderseite des Produktes über den absoluten Energie- und Nährstoffgehalt einer Portion eines Lebensmittels, und weist den prozentualen Anteil dieser Portion bezogen auf die tägliche Energie- und Nährwertzufuhr aus (HAHN 2008). Dabei basiert sie auf den Richtwerten für die Tageszufuhr einer erwachsenen Frau mit dem durchschnittlichen täglichen Energiebedarf von 2000 kcal (KOCH 2008).

Kritiker der GDA-Kennzeichnung bemängeln vor allem den gewählten Richtwert für die Tageszufuhr von 2000 kcal, da dieser nur für sehr junge Frauen, die sich wenig bewegen zutrifft (DGE 2007; DGE 2000). Die Zufuhrempfehlungen für Männer sind im Vergleich höher, für Kinder und ältere Menschen sind die Richtwerte für die Tageszufuhr jedoch oft niedriger. Auch ist die CIAA Berechnung der Richtwerte für die Protein- und Zuckerzufuhr umstritten (DGE 2007). Zudem gibt es keine standardisierte Portionsgrößen innerhalb einer Produktlinie (MÖSER 2010), die angegebenen Portionsgrößen sind als Resultat oft unrealistisch klein (VBZV o. J. a). Die Freiwilligkeit der Kennzeichnung birgt das Risiko, das Hersteller bestimmte Produkte gegenüber anderen einseitig herausstellen (MÖSER 2010).

Die Ampelkennzeichnung wurde von der britischen Lebensmittelbehörde Food Standards Agency entwickelt und veranschaulicht Energie- und Nährstoffgehalte eines Lebensmittels mit Hilfe von Farbcodierungen (FSA 2007). Die Einteilung der Nährstoffe in Farbkategorien erfolgt auf Basis von FSA Schwellwerten.

Kritik an der Ampelkennzeichnung kommt von Seiten der DGE (2009), welche die Bezugsgrößen der Ampelkennzeichnung für die Festlegung der Schwellen zwischen den Farben für wissenschaftlich unklar hält. Außerdem wird bemängelt, dass die Spannen im Ampelsystem zwischen den einzelnen Farbbereichen zu groß sind, was die Vergleichbarkeit der Lebensmittel erschwert (DGE 2009). Preuß (2008) kritisiert zudem, dass die Einteilung der Nährstoffe in Farbklassen auf Basis des prozentualen Nährstoffgehalts im Lebensmittel erfolgt, wobei die eigentlich verzehrten Portionen unberücksichtigt bleiben.

Die Nährwertkennzeichnung wird nur von 1/3 der deutschen Konsumenten bei der Lebensmittelauswahl verwendet (BMELV 2008). Dabei ist die Nutzung der Kennzeichnung von verschiedenen Faktoren abhängig, wie persönlichen, situations-, einstellungs- und verhaltensbedingte Faktoren, Ernährungswissen und Motivation (DRICHOUTIS/LAZARIDIS/NAYGA 2006).

Die GDA-Kennzeichnung wird laut der EUFIC-Studie gut von den Konsumenten verstanden (EUFIC 2008). Kritiker bemängelt jedoch, dass Verbraucher ein umfangreiches Ernährungswissen besitzen müssen, um die GDA-Kennzeichnung innerhalb einer sachkundigen Kaufentscheidung nutzen zu können (MÖSER 2010). Zudem stellte die Children´s Food Campaign fest, dass auf Grund unzureichender Rechenkenntnisse die Hälfte der Erwachsenen die Prozentzahlen der GDA-Kennzeichnung nicht verstehen (AID 2008 a). Auch bei der Ampelkennzeichnung gibt es Verständnisprobleme: So wird die Farbe, welche den höchsten Nährstoffgehalt symbolisiert (rot oder orange), oft als Verbot das Lebensmittel zu konsumieren fehlinterpretiert. Laut Möser (2010) wird die Ampelkennzeichnung von den Verbrauchern jedoch als besser verständlich bewertet.

Die Konsumenten im Vereinigten Königreich, Frankreich und Deutschland sind in der Lage, beim Angebot mehrerer Produkte das gesündeste Produkt unabhängig vom Nährwertkennzeichnungssystem auf der Verpackung zu identifizieren (EUFIC 2008).

Die deutsche Bevölkerung präferiert Nährwertangaben pro Einheit, z. B. 100 g/ml gegenüber Nährwertangabe pro Portion (BMELV 2008). Die Umfrage des Instituts für Agrarpolitik und Marktforschung der Universität Gießen aus dem Jahr 2008 zeigte, dass die Ampelkennzeichnung von den Verbrauchern gegenüber der GDA-Kennzeichnung bevorzugt wird (MÖSER 2010). Es existieren nur wenige Befragungen zu Verbraucherpräferenzen hinsichtlich der Kennzeichnungsform, weitere Forschung in diesem Bereich wäre wünschenswert.

Die vorliegende Arbeit macht deutlich, dass es sowohl an der Ampelkennzeichnung als auch an der GDA-Kennzeichnung viele Kritikpunkte gibt - eine „perfekte" Kennzeichnung wird nur schwer realisierbar sein. Die Einhaltung einiger Kriterien kann jedoch helfen, die Umsetzung der Kennzeichnung möglichst nah an den Wünschen der Verbrauchern zu orientieren: Der Konsument soll wichtige Informationen leicht erkennen können, daher muss die Kennzeichnung gut lesbar, anschaulich, einheitlich und prägnant sein. Zudem sollten die Angaben hierarchisch geordnet werden (EUFIC 2005). Neben der Umsetzung der beschriebenen Gestaltungselemente muss dem Konsumenten die Funktion und die Verwendung der Kennzeichnung vermittelt werden. Außerdem sollte dem Wunsch der Verbraucher nach mehr Informationen, um die Etiketten besser zu verstehen und das Lebensmittel in ihre tägliche Ernährung zu integrieren, nachgekommen werden.

Die Einführung einer EU-weiten, einheitlichen verpflichtenden Nährwertkennzeichnung ist ein erster Schritt in die richtige Richtung. Jedoch müssen diesem weitere folgen. Die EU-Kommission hat im *Weißbuch* neben der Einführung einer Nährwertkennzeichnung (im Rahmen der verbesserten Verbraucherinformation) noch weitere Maßnahmen veröffentlicht. Es ist zu hoffen, dass diese umgesetzt werden, denn die Ursachen von Adipositas und Übergewicht sind vielfältig. Nur ganzheitliche Strategien, die an verschiedenen Ursachen ansetzen können, versprechen Abhilfe.

7. Betriebsbeschreibung

Der Verbraucherzentrale Hessen e. V. (VZ Hessen) ist ein parteipolitisch neutraler, anbieterunabhängiger, gemeinnütziger Verein, welcher Verbraucher berät, informiert und sie bei der Durchsetzung ihrer Anliegen gegenüber Anbietern unterstützt. Als Lobby der Verbraucher setzt sich die Verbraucherzentrale Hessen öffentlich für gesundheitlichen und wirtschaftlichen Verbraucherschutz ein und vertritt die Verbraucherinteressen gegenüber Verwaltung und Politik. Da dabei kein kommerzielles Interesse verfolgt wird, kann unabhängig im Sinne des Verbrauchers beraten werden (VZ HESSEN o. J. b).

Gründung und Intention der Verbraucherzentrale Hessen

Die Verbraucherzentrale Hessen wurde am 27.02.1959 in Frankfurt am Main von den Frauenverbänden Landfrauenverband Kurhessen e. V., Landfrauenverband Hessen-Nassau e. V., Hausfrauenverband Hessen e. V. und drei Einzelmitgliedern gegründet. Die anfänglichen Themenschwerpunkte der Verbraucherzentrale Hessen lagen in den Bereichen Haushaltsführung, Ernährung und Anschaffung von Haushaltsgeräten (VZ HESSEN 2009 a).

Heute sind die Themen wesentlich komplexer und beschäftigen sich mit Fragen des privaten Konsums sowie der individuellen Vorsorge. Der Verbraucher wird über verschieden Kanäle informiert, bzw. kann sich selbst über die Verbraucherzentrale informieren. Die Informationsmöglichkeiten des Verbrauchers sind in Abb. 7 schematisch dargestellt und werden im Weiteren näher erläutert.

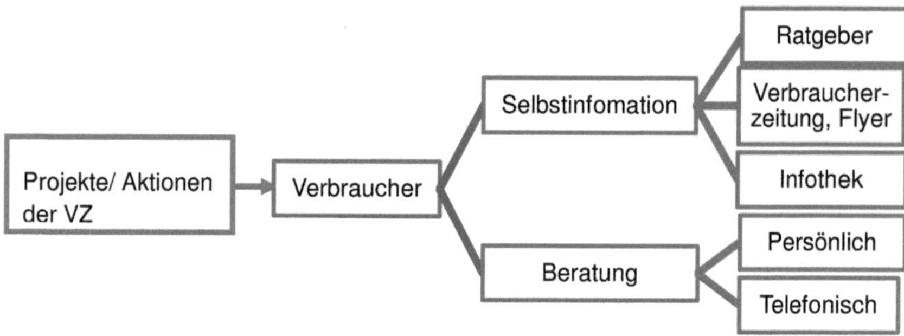

Abb. 7: Informationsgewinn des Verbrauchers über die Verbraucherzentrale

Die Beratung der Verbraucher erfolgt persönlich oder telefonisch zu den Themen:

- Verbraucherrecht
- Reiserecht
- Baufinanzierung
- Energie
- Geldanlage
- Schulden und Insolvenz

- Altersvorsorge
- Versicherungen
- Gesundheitsdienstleistungen
- Ernährung
- Telekommunikation und Internet

(VZ HESSEN 2010 a).

Neben den Beratungen können sich Verbraucher selbstständig mit Hilfe verschiedener Medien informieren. Dies ist zum einen möglich durch die Nutzung der Internetseite *www.verbraucher.de*, auf der zahlreiche aktuelle Informationen abrufbar sind, die vierteljährlich erscheinende Verbraucherzeitung sowie Flyer und Informationsbroschüren (VZ HESSEN o. J. b; VZ HESSEN 2009 a). Zum anderen besteht die Möglichkeit, sich in jeder Beratungsstelle mit Hilfe einer Infothek selbstständig über Produkte und Dienstleistungen zu Informieren. Die Infothek ist ein Ordnersystem aus etwa 50 Ordnern, welche die Themengebiete

- Ernährung
- Haushalt
- Technik
- Telekommunikation
- Gesundheit
- Freizeit

- Sport
- Bauen
- Wohnen
- Versicherungen
- Altersvorsorge und
- Geldanlage

umfassen und bietet dem Verbraucher unabhängige Informationen. Die Inhalte der Infothek werden monatlich von Experten des Verbraucherzentrale Bundesverband überarbeitet. Dazu werden aktuelle Beiträge (Tests, Berichte, Übersichten) aus Fach- und Computerzeitschriften entnommen sowie eigene Hinweise erstellt (VZ RHEINLAND-PFALZ E. V., 2006; VZBV o. J. a). In Hessen befinden sich insgesamt 17 Infotheken, davon acht in den Beratungsstellen, die restlichen sind in verschiedenen Bibliotheken und Rathäusern untergebracht.

Zudem publiziert die Verbraucherzentrale verschiedene Ratgeber in den Rubriken

- Bauen & Wohnen
- Computer & Internet
- Eltern & Familie
- Geld & Versicherungen

- Gesundheit & Ernährung
- Pflege
- Recht

(VZ HESSEN 2010 b).

Des Weiteren informiert die Verbraucherzentrale Hessen die Verbraucher durch Ausstellungen, Lernwerkstätten, Vorträgen, Seminaren, Schulungsangeboten, Außenaktionen und aktiver Medienarbeit. Außerdem betreiben die Verbraucher Zentralen präventive Aufklärungsarbeit in Kooperation mit dem Deutschen Hausfrauen- Bund, Landesverband Hessen e. V. für verschiedene Zielgruppen. Soziale Einrichtungen, Schulen und Familienbegegnungsstätten können Angebote des Projektes *„Durchblick gehört dazu! Mehr Kompetenz im Alltag für junge Leute und Familien"* buchen. Das Themenspektrum ist auch hier sehr vielfältig und reicht von Zeit- und Arbeitsplanung über Finanzen, Schuldenvermeidung und Internetbetrug bis hin zu Ernährung und Energiespartipps für den Haushalt. Zudem können Schulen im Rahmen des Klimaprojektes kostenlose Ausstellungen und Unterrichtseinheiten rund um das Thema Klima bei der Verbraucherzentrale buchen.

Die Angebote der Verbraucherzentrale Hessen werden von den Verbrauchern angenommen. So wurden im Jahr 2008 etwa 174.000 Beratungsgespräche geführt und ca. 26.000 Verbraucher besuchten Veranstaltungen der Verbraucherzentrale. Zudem wurden fast 11.000 Ratgeber gekauft. Auch die Internetseite der Verbraucherzentrale findet als Informationsmedium großen Zuspruch, so hatte diese im Jahr 2008 etwa 1.800.000 Besucher (VZ HESSEN o. J. a).

Organisationsstruktur der Verbraucherzentralen

In Deutschland gibt es in jedem Bundesland eine Verbraucherzentrale, die Organisation und Finanzierung erfolgt dabei in jeder Verbraucherzentrale selbstständig und unabhängig voneinander. Jede der 16 Verbraucher Zentralen unterhält wiederum mehrere Beratungsstellen, so gibt es momentan in ganz Deutschland momentan rund 200 Beratungsstellen (VZBV 2005 a). Die Verbraucherzentrale Hessen betreibt acht Beratungsstellen, eine davon in Gießen (VZ HESSEN 2009). Alle Verbraucherzentralen unterstehen dem Dachverband „Verbraucherzentrale Bundesverband", diesem sind außerdem 26 verbraucherpolitisch orientierte Verbände unterstellt (VZBV 2005 a).

Der Bundesverband und die Verbraucherzentralen arbeiten eng zusammen, so unterstützt der Bundesverband die Verbraucherzentralen beispielsweise durch die Finanzierung der deutschlandweit geltenden „Beratungsstandards". Diese stellen ein Portfolio aus Antworten auf häufig gestellten Verbraucherfragen dar und werden zentral aktualisiert, die Berater jeder Verbraucherzentrale können darauf zurückgreifen. Zudem bietet der VZBV Qualifizierungs- und Fortbildungsprogramme für die Berater an, damit diese den Verbraucher jederzeit kompetent beraten können. Der Dachverband der Verbraucherzentralen fungiert als „Stimme der Verbraucher", indem er die Interessen der Verbraucher gegenüber Wirtschaft, Politik und Gesellschaft auf Bundesebene vertritt. Dies ist nur möglich, da die Verbraucherzentralen Informationen aus der Beratungspraxis an ihn weiterleiten und ihn durch Fallsammlungen unterstützten. Auf Grundlage dieser Fallsammlungen können Verbraucherrechte vor Gericht besser durchgesetzt werden (VZBV 2005 b). Zudem übernehmen Experten des VZBV die monatliche Aktualisierung des Infotheksystems, welches ein wichtiges Informationsmedium für den Verbraucher darstellt (VZBV o. J. a).

Das folgende Organigramm zeigt Aufbau und Struktur der Verbraucherzentrale Hessen.

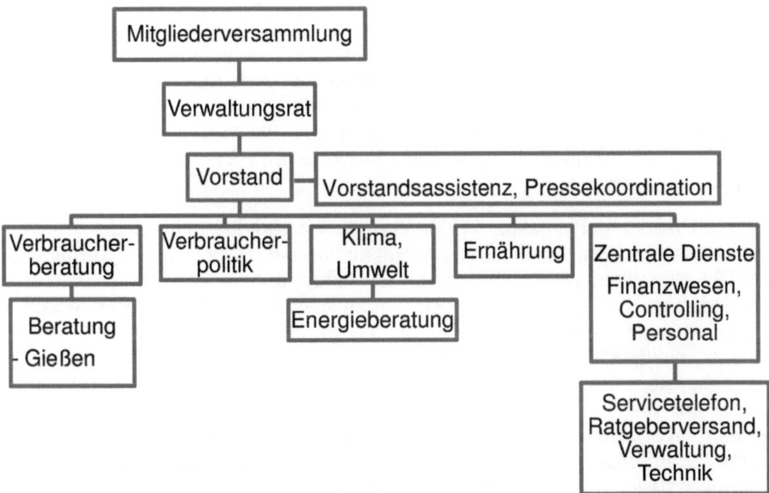

Abb. 8: Organigramm der Verbraucherzentrale Hessen
(modifiziert nach: VZ HESSEN o. J. a)

Finanzierung der Verbraucherzentrale Hessen

Die Verbraucherzentrale Hessen wird durch öffentliche Zuwendungen von Bund und Ländern unterstützt. Zudem unterstützen die Gemeinden, in denen Beratungsstellen angesiedelt sind, die Verbraucherzentrale Hessen durch Bereitstellung kostenloser Räumlichkeiten sowie finanzielle Mittel. Da die öffentlichen Mittel nicht zur Finanzierung der Arbeit der Verbraucherzentrale ausreichen, müssen zusätzliche Einnahmen aus Entgelten für Beratungen, Verkauf von Ratgebern und Publikationen, Nutzung der Infothek sowie Spenden und Mitgliedsbeiträgen generiert werden. (VZ HESSEN o. J. a; VZ HESSEN o. J. b; VZ HESSEN o. J. c).

Praktikantentätigkeit in der Beratungsstelle Gießen

Auf Grund von personeller Unterbesetzung können ratsuchende Verbraucher in der Beratungsstelle Gießen nicht zu allen Themen des Beratungsspektrums der Verbraucherzentrale Hessen beraten werden, sondern nur zu Altersvorsorge, Versicherung, Verbraucherrecht und Energie. Die Energieberatung kann zu den Themen baulicher Wärmeschutz, Haustechnik und regenerative Energien durchgeführt werden. Die Arbeitsgruppe in Gießen umfasst sieben Mitarbeiter, darunter zwei Beraterinnen der Verbraucherzentrale Hessen, ein Honoraranwalt, zwei Diplomingenieure sowie zwei Verweiskräfte. Die leitende Beraterin ist Susanne Pertermann.

Zu den Praktikumstätigkeiten in der Verbraucherzentrale gehörte der persönliche und telefonische Erstkontakt mit Ratsuchenden. Dabei wurden Termine für ein Beratungsgespräch vereinbart, Kurzinformationen gegeben und den Verbrauchern bei der Nutzung des Infotheksystems geholfen. Die täglichen Aufgaben umfassten zudem das Einrichten von Beratungsräumen und Arbeitsplätzen, die Statistik- und Kassenführung sowie Verwaltung der Post. Das Infotheksystem und der Schaukasten wurden monatlich aktualisiert. Auch wurde bei der Vorbereitung, Organisation und Durchführung von Schulbesuchen, Weltverbrauchertag und Klimafrühstück mitgearbeitet. Außerdem wurde bei Rechts-, Versicherungs- und Energieberatungen in den Beratungsstellen Gießen und Frankfurt hospitiert.

8. Literaturverzeichnis

AID INFODIENST ERNÄHRUNG; LANDWIRTSCHAFT; VERBRAUCHER-SCHUTZ E. V. (AID) (Hrsg.) (2008 a): Die "Guideline Daily Amounts (GDA)". Im Internet unter: http://www.aid.de/downloads/gda_kennzeichnung.pdf, Stand 27. 03.2010

AID INFODIENST ERNÄHRUNG; LANDWIRTSCHAFT; VERBRAUCHER-SCHUTZ E. V. (AID) (Hrsg.) (2008 b): Ampelkennzeichnung- Pro und Contra. Im Internet unter: http://www.aid.de/downloads/ampelkennzeichnung.pdf, Stand 27. 03.2010

BUND FÜR LEBENSMITTELRECHT UND LEBENSMITTELKUNDE E. V. (BLL) (Hrsg.) (o. J.): Absude Lebensmittel-Ampel : Verbrauchertäuschung durch sinnlose Farbenspiele. Im Internet unter: http://www.bll.de/themen/naehrwertinformation.html/absurde-lebensmittel-ampel/, Stand 17.04.2010

BUNDESMINISTERIUM FÜR ERNÄHRUNG, LANDWIRTSCHAFT UND VERBRAUCHERSCHUTZ (BMELV) (Hrsg.) (2008): Bericht der Bundesregierung zur Meinungsumfrage. Die Nährwertkennzeichnung von Lebensmitteln aus Sicht der Bevölkerung. Im Internet unter: http://www.bmelv.de/cae/servlet/contentblob/379342/publicationFile/22057/UmfrageNaehrwertkennzeichnungBericht.pdf, Stand 14.04.2010

BUNDESMINISTERIUM FÜR ERNÄHRUNG, LANDWIRTSCHAFT UND VERBRAUCHERSCHUTZ (BMELV) (Hrsg.) (o. J.): Verbraucherinformation über Nährwerte von Lebensmitteln verbessern. Im Internet unter: http://www.bmelv.de/SharedDocs/Standardartikel/Ernaehrung/SichereLebensmittel/Kennzeichnung/Naehrwertkennzeichnung.html, Stand 17.04.2010

CONFÉDÉRATION DES INDUSTRIES AGROALIMENTAIRES DE L'UE (CIAA) (Hrsg.) (2006): CIAA Recommendation for a Common Nutrition Labelling Scheme. Im Internet unter: http://www.ciaa.be/documents/press_releases/CIAA_Nut_recommendation.pdf , Stand 03.04.2010

CONFÉDÉRATION DES INDUSTRIES AGROALIMENTAIRES DE L'UE (CIAA) (Hrsg.) (o. J.): GDAs- The Facts. Your Choice. Im Internet unter: http://gda.ciaa.eu/asp2/gdas_explained.asp, Stand 27. 03.2010

DEUTSCHE GESELLSCHAFT FÜR ERNÄHRUNG E. V. (DGE) (Hrsg.) (2000): Neue Richtwerte der DGE für die Energiezufuhr orientieren sich an der körperlichen Aktivität. Im Internet unter: http://www.dge.de/modules.php?name=News&file=article&sid=102, Stand 04.04.2010

DEUTSCHE GESELLSCHAFT FÜR ERNÄHRUNG E. V. (DGE) (Hrsg.) (2009): Wissenschaftliche Basis für Ampelkennzeichnung einzelner Lebensmittel fehlt. Im Internet unter: http://www.dge.de/pdf/presse/2009/aktuell/DGE-Pressemeldung-aktuell-09-2009_Ampelkennzeichnung.pdf, Stand 08.04.2010

DRICHOUTIS A C/ LAZARIDIS P/ NAYGA M R JR. (2006): Consumers' Use of Nutritional Labels: A Review of Research Studies and Issues. Academy of Marketing Science Review 9:1-22

EUFIC (Hrsg.) (2005): Consumer attitudes to nutrition information & food labelling. Im Internet unter:
http://www.eufic.org/article/en/page/FARCHIVE/expid/forum-consumer-attitudes-information-food-labelling/. Stand 16.04.2010

EUFIC (Hrsg.) (2008): Pan-European consumer research on in-store observation, understanding & use of nutrition information on food labels, combined with assessing nutrition knowledge. Im Internet unter:
http://www.eufic.org/upl/1/default/doc/Pan-Euro%20summary.pdf,
Stand 14.04.2010

FEUNKES G I J/ GORTEMAKER I A/ WILLEMS A A/ LION R/ VAN DEN KOMMER M (2008): Front-of-pack nutrition labelling: Testing effectiveness of different nutrition labelling formats front-of-pack in four European countries. Appetite 50: 57-70

FOOD STANDARDS AGENCY (FSA) (Hrsg.) (2007): Front-of-pack Traffic light signpost labeling Technical Guidance. Im Internet unter:
http://www.food.gov.uk/multimedia/pdfs/frontofpackguidance2.pdf,
Stand 08.04.2010

FOOD STANDARDS AGENCY (FSA) (Hrsg.) (o. J. a): Food Shopping Card. Check how much fat, sugar and salt is in your food. Im Internet unter:
http://www.food.gov.uk/multimedia/pdfs/publication/whichcard0908.pdf,
Stand 27.03.2010

FOOD STANDARDS AGENCY (FSA) (Hrsg.) (o. J. b): Traffic light labeling.
Im Internet unter:
http://www.eatwell.gov.uk/foodlabels/trafficlights/, Stand 27.03.2010

FOOD STANDARDS AGENCY (FSA) (Hrsg.) (o. J. c): Traffic light label adopters. Im Internet unter:
http://www.food.gov.uk/multimedia/pdfs/tladopters0110.pdf, Stand 11.04.2010

FRIEDRICH-EBERT-STIFTUNG (2007): Etiketten(schwindel)? Kennzeichnung und irreführende Werbung bei Lebensmitteln. Bonn : FES

HAHN A (2008): Bessere Gesundheit durch mehr Informationen? Möglichkeiten und Grenzen einer erweiterten Kennzeichnung von Lebensmitteln. Ernährung im Fokus. 8-11/ 08: 412-418

JANSEN L (2010): Studie ANNA 50plus stellt Optimierungsbedarf fest. In: aid infodienst Ernährung, Landwirtschaft, Verbraucherschutz e. V. (Hrsg.): Artikel zum Thema Nährwertkennzeichnung. Im Internet unter:
http://www.aid.de/verbraucher/kennzeichnung_naehrwertkennzeichnung_studi e_anna_50plus.php. Stand 27.02.2010

JANSEN L/ LEOHÄUSER I-U (2010): Einflussfaktoren auf die Akzeptanz der GDA-Nährwertkennezichnung am Beispiel der Verbraucherzielgrupe 50plus. Proceedings of the German Nutrition Society. Abstractband zum 47. Wissenschaftlichen Kongress. 14: 4

KETCHUM PLEON GMBH (Hrsg.) (o. J. a): Ein Kompass für den Weg zu einer gesunden Ernährung. Im Internet unter:
http://www.naehrwertkompass.de/Ihr-Naehrwertkompass/Vorteile-auf-einen-Blick/Vorteile-auf-einen-Blick-Seite-2.html, Stand 05.04.2010

KETCHUM PLEON GMBH (Hrsg.) (o. J. b): 100 Gramm Butter aufs Frühstücksbrot? Im Internet unter:
http://www.naehrwertkompass.de/So-funktionierts/Ein-Gefuehl-fuer-die-richtige-Menge/, Stand 05.04.2010

KETCHUM PLEON GMBH (Hrsg.) (o. J.c): Der GDA-Nährwertkompass…
Im Internet unter:
http://www.naehrwertkompass.de/Ihr-Naehrwertkompass/
Zahlen-und-Fakten/Zahlen-und-Fakten-Seite-2.html, Stand 18.04.2010

KOCH S (2008): GDA- Kennzeichnung. Selbstverpflichtung der Europäischen Ernährungsindustrie zur Ergänzung der Nährwertkennzeichnung. Ernährungs Umschau. 2/08: 120-122

KOMMISSION DER EUROPÄISCHEN GEMEINSCHAFTEN (2007):
WEISSBUCH Ernährung, Übergewicht, Adipositas: Eine Strategie für Europa. In: Europäischen Verbraucherzentrums, Verbraucherzentrale Schleswig-Holstein e. V. (Hrsg.). Im Internet unter:
http://www.evz.de/UNIQ126997394004748/doc983A.html, Stand 30. 03.2010

KOMMISSION DER EUROPÄISCHEN GEMEINSCHAFTEN (Hrsg.) (2008): Zusammenfassung des Folgenabschätzungsbericht zu Fragen der Nährwertkennzeichnung. Im Internet unter:
http://ec.europa.eu/food/food/labellingnutrition/foodlabelling/publications/labelli ng_citizens_summary_310108_final_cab_de.pdf , Stand 19.04.2010

MARKS AND SPENCER PLC (Hrsg.) (2010): About our Nutrition Labeling. Im Internet unter:
http://health.marksandspencer.com/uploads/images/front_of_pack_label.jpg, Stand 21.04.2010

MATTHIAS T (2010): Ampel-Strategie in der Praxis. VDL-Journal 1/2010: 12-13

MAX RUBNER-INSTITUT BUNDESFORSCHUNGSINSTITUT FÜR ERNÄHRUNG UND LEBENSMITTEL (Hrsg.) (2008): Nationale Verzehrs Studie II Ergebnisbericht, Teil 1. Im Internet unter:
http://www.was-esse-ich.de/uploads/media/NVS_II_Abschlussbericht_Teil_1.pdf Stand 30. 03.2010

MORITZ A (2010): Vorsicht vor falschen Signalen. VDL-Journal 1/2010: 4-5

MÖSER A (2010): Vereinfachende Nährwertkennzeichnungen:
Wahrnehmungen und Präferenzen der Verbraucher.
Ernährungs Umschau.1/10: 10 – 15

PETROVICI D A/ RITSON C (2006): Factors influencing consumer dietary
health preventative behaviours. BMC Public Health 2006, 6:222-234

ROBERT-KOCH-INSTITUT (Hrsg.) (2006): Erste Ergebnisse der KiGGS-Studie zur Gesundheit von Kindern und Jugendlichen in Deutschland. Im Internet
unter:
http://www.kiggs.de/experten/downloads/dokumente/kiggs_elternbroschuere.p
df, Stand 30. 03.2010

SAINSBURY'S SUPERMARKETS LTD. (Hrsg.) (o. J.): Multiple traffic light
labeling. Labelling guide. Im Internet unter:
http://www2.sainsburys.co.uk/food/healthylifestyle/help_and_advice/understan
ding_labelling/wheelofhealth_Jan+2006.htm, Stand: 11.04.2010

STEHLE P (2010): Wissenschaft: Kennzeichnung eine politische
Entscheidung. VDL-Journal 1/2010: 6-7

VERBRAUCHERZENTRALE BUNDESVERBAND E. V. (Hrsg.) (2005 a):
Die Verbraucherzentralen sind Deutschland kompetent und unabhängig.
Im Internet unter: http://www.verbraucherzentrale.de/wir.php,
Stand 01.04.2010

VERBRAUCHERZENTRALE BUNDESVERBAND E. V. (Hrsg.) (2005 b):
Häufige Fragen (FAQ) zum Verbraucherzentrale Bundesverband.
Im Internet unter: http://www.verbraucherzentrale.de/faq_bundesverband.php,
Stand 01.04.2010

VERBRAUCHERZENTRALE BUNDESVERBAND E. V. (Hrsg.) (o. J. a):
Hinweis zum Gebrauch der Infothek. Im Internet unter:
http://www.verbraucherinfothek.de/start/index.php, Stand 02.04.2010

VERBRAUCHERZENTRALE BUNDESVERBAND E. V. (Hrsg.) (o. J. b):
Was ist die „Ampelkennzeichnung"? Im Internet unter:
http://www.vzbv.de/mediapics/was_ist_die_ampel.pdf, Stand 08.04.2010

VERBRAUCHERZENTRALE HAMBURG E. V. (Hrsg.) (2009):
elite Sahne - Kefir mild Erdbeere. Im Internet unter:
http://www.ampelcheck.de/Produktliste/Joghurt_Pudding/elite_Sahne-
_Kefir_mild_Erdbeere_391.html, Stand 28. 03.2010

VERBRAUCHERZENTRALE HAMBURG E. V. (Hrsg.) (o. J. a):
Schluss mit den Nährwertmogeleien. Die verwirrende Kennzeichnung der
Lebensmittelindustrie.
Im Internet unter: http://www.ampelcheck.de/Naehrwertmogelei/index.html,
Stand 05.04.2010

VERBRAUCHERZENTRALE HAMBURG E. V. (Hrsg.) (o. J. b): Entlarven Sie Zuckerbomben und Fettfallen schon im Supermarkt! Im Internet unter: http://www.ampelcheck.de/files/472_vz_ampel_checkkarte.pdf, Stand 28.03.2010

VERBRAUCHERZENTRALE HESSEN E. V. (Hrsg.) (2009 a): 50 Jahre Verbraucherzentrale Hessen e. V. Im Internet unter: http://50jahre.verbraucher.de/, Stand 01.04.2010

VERBRAUCHERZENTRALE HESSEN E. V. (Hrsg.) (2009 b): Pressemitteilung 85/2009. Hersteller decken Dickmacher. Verbraucherzentralen entlarven, wie Hersteller mit Nährwertangaben geizen. Im Internet unter: http://www.verbraucher.de/ernaehrung/index.html, Stand 08.04.2010

VERBRAUCHERZENTRALE HESSEN E. V. (2010 a): Telefonische Beratung. VerbraucherZeitung 6 (1):8

VERBRAUCHERZENTRALE HESSEN E. V. (2010 b): Willkommen in unserem Shop! Im Internet unter: http://ratgebershop-vzhessen.de/start/, Stand 02.04.2010

VERBRAUCHERZENTRALE HESSEN E. V. (Hrsg.) (o. J. a): Jahresgeschäftsbericht 2008/2009. Im Internet unter: http://www.verbraucher.de/download/gb_2009.pdf, Stand 01.04.2010

VERBRAUCHERZENTRALE HESSEN E. V. (Hrsg.) (o. J. b): Leitbild. Orientierung und Maßstab für unsere Arbeit. Im Internet unter: http://www.verbraucher.de/ueber_uns/index.html, Stand 01.04.2010

VERBRAUCHERZENTRALE HESSEN E. V. (o. J. c): Selbstverständnis, Themen, Adressen. Flyer. Erhältlich bei der Verbraucherzentrale Gießen

VERBRAUCHERZENTRALE NORDRHEIN-WESTFALEN E. V. (Hrsg.) (2010): Das große Schweigen: Lebensmittelhersteller geizen mit Nährwertangaben. Im Internet unter: www.vz-nrw.de/linkpdf?unid=609661A, Stand 08.04.2010

VERBRAUCHERZENTRALE NORDRHEIN-WESTFALEN E. V., VERBRAUCHERZENTRALE HAMBURG E. V., NEUE VERBRAUCHER-ZENTRALE IN MECKLENBURG UND VORPOMMERN (Hrsg.) (2007): Vereinfachtes Symbol für die Nähwertkennzeichnung. Positionspapier. Im Internet unter: http://www.ampelcheck.de/files/473_07_12_01_signposting_naehrwert-kennz_vzbv.pdf, Stand 28. 03.2010

VERBRAUCHERZENTRALE RHEINLAND-PFALZ E. V. (Hrsg.) (2006): Was ist die Infothek? 50 Ordner zu Verbraucherthemen. Im Internet unter: http://www.verbraucherzentrale-rlp.de/UNIQ127020933407819/link275992A.html, Stand 02.04.2010

VIERBOOM C (2010): Kampf um Bilder, Kampf um Deutungshoheit. VDL-Journal 1/2010: 8-9

WAITROSE (Hrsg.) (o. J.): Traffic light labelling. Im Internet unter: http://www.waitrose.com/food/healthandnutrition/howwaitrosecanhelp/trafficligh tlabelling.aspx, Stand 21.04.2010